責任編輯　鍾昕恩
裝幀設計　鄧佩儀
排版　　　鄧佩儀
印務　　　劉漢舉

語宙的快樂祕密

張鎧欣　著 / 繪

出版｜中華教育
香港北角英皇道 499 號北角工業大廈 1 樓 B 室
電話：(852) 2137 2338　傳真：(852) 2713 8202
電子郵件：info@chunghwabook.com.hk
網址：http://www.chunghwabook.com.hk

發行｜香港聯合書刊物流有限公司
香港新界荃灣德士古道 220-248 號荃灣工業中心 16 樓
電話：(852) 2150 2100　傳真：(852)2407 3062
電子郵件：info@suplogistics.com.hk

印刷｜美雅印刷製本有限公司
香港觀塘榮業街 6 號海濱工業大廈 4 樓 A 室

版次｜2024 年 3 月第 1 版第 1 次印刷
©2024 中華教育

規格｜12 開（210mm x 210mm）

ISBN｜978-988-8861-46-0

語宙的快樂秘密

張鎧欣　著／繪

中華教育

五顏六色的 Flowerian 十分善良，
她們會散發出令人高興的光芒。

Octoian 經常到處搗蛋作怪，
最喜歡用黑色墨水製造麻煩！

「語宙」是一個神祕的地方，
裏面住滿了語宙人。

Colourian 像長了耳朵的拇指，
有不同的顏色。

Letterian 長得像毛毛蟲，
友善熱情，喜歡哈哈大笑。

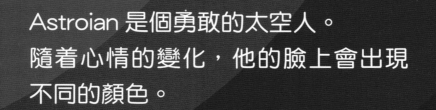

Astroian 是個勇敢的太空人。
隨着心情的變化，他的臉上會出現
不同的顏色。

他在語宙探險時，聽說墨水湖有一種能讓人
感到快樂的神奇寶石。

Astroian 對快樂寶石感到十分好奇，
他決定要把快樂寶石帶回自己居住的星球。

在前往墨水湖的路上，Astroian 經過了
許多不同的星球，認識了很多新朋友。

在叢林星球裏，
Astroian 遇到熱情開朗的 Letterian，
並向他分享了有關快樂寶石的事情。

「我也想一起去尋找快樂寶石，
我也想看看這麼神奇的寶石啊！」
Letterian 說。

於是，Astroian 與 Letterian 帶着果實一同
前往墨水湖進行大冒險。

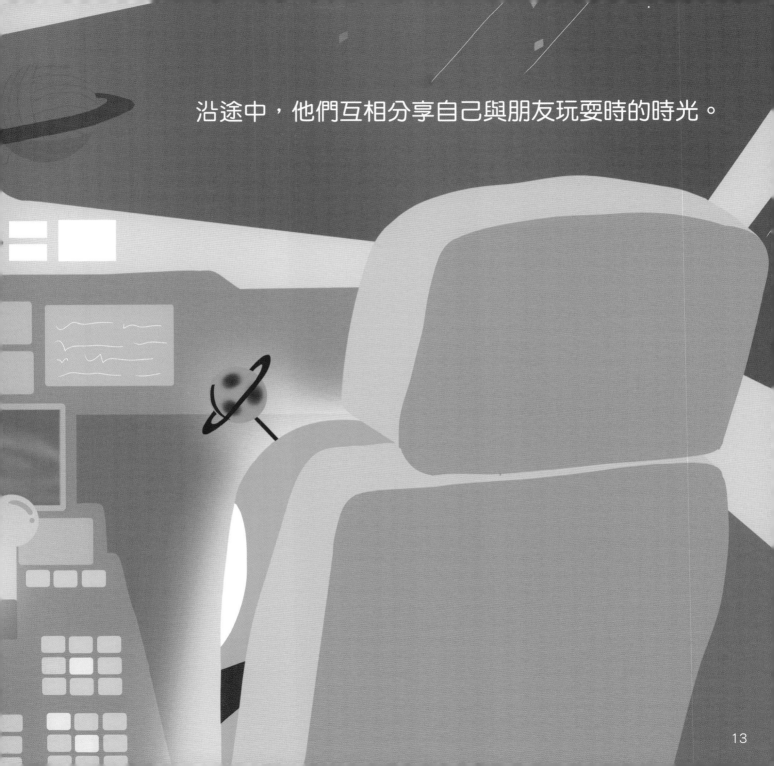

沿途中，他們互相分享自己與朋友玩耍時的時光。

Astroian 最喜歡和朋友玩模型飛機，
他們常常玩到傍晚才捨得回家。

而 Letterian 喜歡與朋友到樹林收集果實，
原來叢林星球的果實是非常美味的！

「我最喜歡與朋友一起吃果實了，你也試試看吧！」
Letterian 對 Astroian 說。

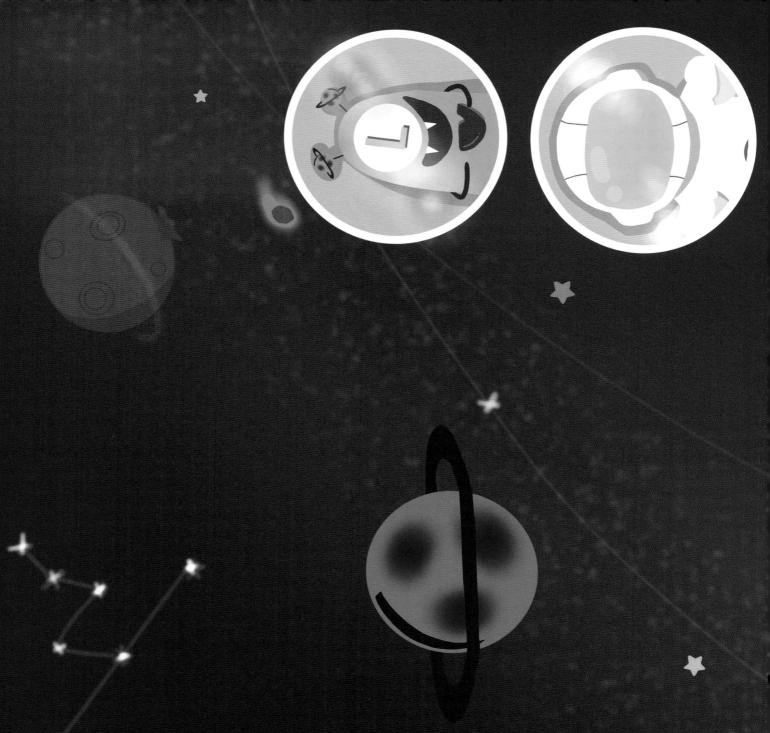

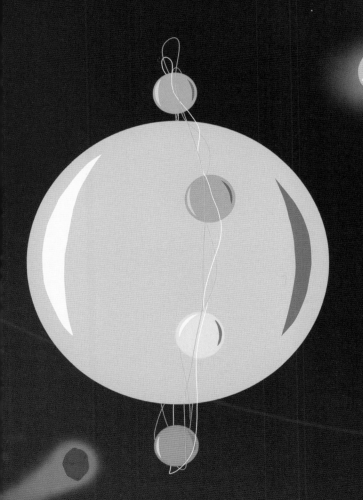

不知不覺間，他們就快將到達墨水星球了！

剛下飛船便看見墨水湖就在眼前，
他們又興奮又緊張地準備到湖裏尋找快樂寶石！

湖裏面黑色一片，他們甚麼都看不到，
只好繼續向深處游 ……

一直向更深處游 ……

咦，好像有些甚麼在水底？
原來是會唱歌的音樂魚和他的朋友們！

他們在海底見到許多不同的語宙人，Astroian 連忙問他們有關快樂寶石的問題，但他們都紛紛表示不清楚。

看來湖裏的語宙人都不知道快樂寶石的事情啊⋯⋯
Astroian 覺得很失望，好像白費努力了。

「看來無法把快樂寶石帶回我的星球了……」
Astroian 想。

突然，Letterian 把一條會發光的珍珠頸鏈戴在 Astroian 身上。

原來，Letterian 剛才一直忙着用墨水湖的
七色珍珠製作這份獨特的禮物送給他。

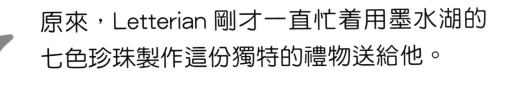

看見閃閃發光的珍珠頸鏈，
Astroian 覺得有種溫暖的感覺。

他覺得好神奇啊，明明找不到
快樂寶石卻感到十分快樂！

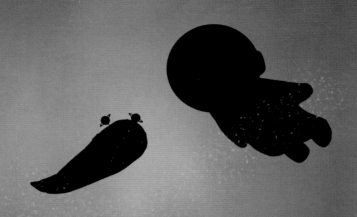

最後，Astroian 和 Letterian 決定放棄尋找快樂寶石。
新朋友們紛紛歡送他們回家，大家都十分友善和親切。

沿途上，他們遇見玩在一起的 Octoian。

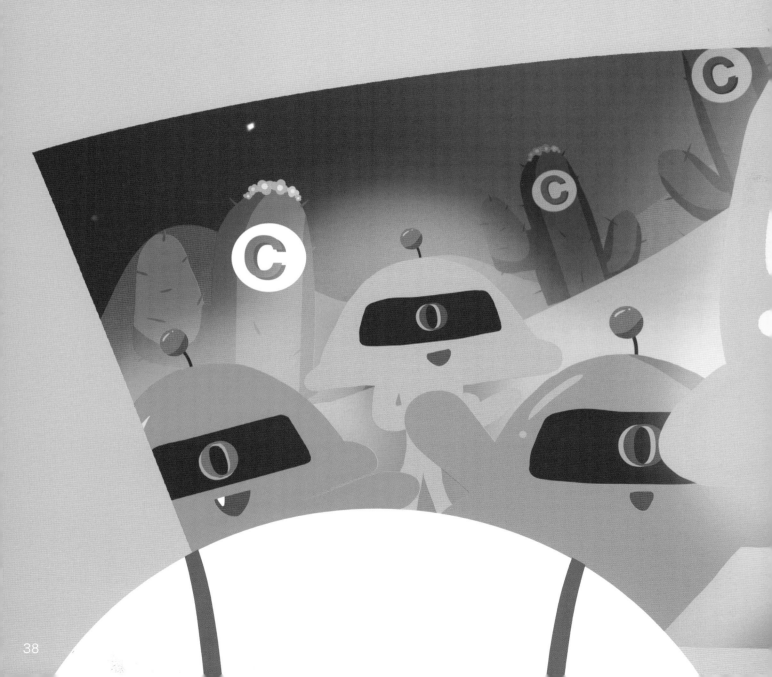

Astroian 對他們說：「看來你們也找到屬於你們的快樂寶石啦！」

晚上，Astroian 將今天發生的事情記錄在日記裏。

十二月二十二日　晴

今天我和 Letterian 一起到了墨水湖尋找快樂寶石。

我本來很想把快樂寶石帶回到星球的，但最後發現原來語宙裏根本沒有快樂寶石！

雖然我們找不到快樂寶石，但沿途中與 Letterian 說說笑笑，又在墨水湖認識了新的語宙朋友，這些事情都令我覺得很快樂啊！

原來，陪伴就是最珍貴的快樂寶石！真想快點把這個秘密告訴星球上的小朋友啊！

「對我來說，美味的食物就是快樂寶石啦！」